Fatma Attia

Purification de l'acide phosphorique par voie chimique

Maroua Ben Haddada
Fatma Attia

Purification de l'acide phosphorique par voie chimique

Éditions universitaires européennes

Impressum / Mentions légales

Bibliografische Information der Deutschen Nationalbibliothek: Die Deutsche Nationalbibliothek verzeichnet diese Publikation in der Deutschen Nationalbibliografie; detaillierte bibliografische Daten sind im Internet über http://dnb.d-nb.de abrufbar.

Information bibliographique publiée par la Deutsche Nationalbibliothek: La Deutsche Nationalbibliothek inscrit cette publication à la Deutsche Nationalbibliografie; des données bibliographiques détaillées sont disponibles sur internet à l'adresse http://dnb.d-nb.de.

Coverbild / Photo de couverture: www.ingimage.com

Verlag / Editeur:
Éditions universitaires européennes
ist ein Imprint der / est une marque déposée de
OmniScriptum GmbH & Co. KG
Heinrich-Böcking-Str. 6-8, 66121 Saarbrücken, Deutschland / Allemagne
Email: info@editions-ue.com

Herstellung: siehe letzte Seite /
Impression: voir la dernière page
ISBN: 978-3-8417-4622-1

REMERCIEMENTS

Nous tenons par la présente à adresser nos
remerciements les plus sincères à toutes les personnes
qui nous ont aidées et soutenues dans la réalisation de
ce travail.
Nous remercions plus particulièrement,
Madame **Narjes BATIS** qui a pris la peine de nous
encadrer et de nous faire profiter de son expérience, et
nous avoir faire partager ses connaissances.
Nous remercions également Mademoiselle
Hayet OMRI, pour sa patience, et pour sa
contribution à la réalisation de ce projet malgré ses
multiples engagements.

Table des Matières

Liste des abréviations

WPA: Wet process Phosphoric Acid

DAP: di ammonium phosphate

GCT: groupe chimique tunisien

API : acide phosphorique industriel

UF: UltraFiltration

PUF: procédé d'ultrafiltration

EDTA: acide éthylène diamine tétracétique

OPPA: acide octylpyrophosphorique

D2EHPA : acide di (2-ethylhexyl) phosphorique

TOPO : oxyde tri-n-octylphosphine

DEPA : di (2 éthylehexyl) phosphate

TBP : tri-butylphosphate

DNNSA : acide sulfonique dinonyl naphtalène

D2EHPA : di-2 éthyle hexyle acide phosphorique

HDDNSA : acide sulfonique didodecyl naphtalène

HDEHP : acide bis 2ethylhexylphosphorique

HA : acide bis 2ethylhexylphosphorique

MON : matière organique

MD : Montmorillonite- EDTA

MF : Montmorillonite-Chlorure Ferrique

KP : Kaolinite-Posidonie

Liste des tableaux

Liste des figures

Introduction générale

Ces dernières décennies, il s'est développé une prise de conscience de l'importance des équilibres écologiques dans le milieu naturel, équilibres menacés par la pollution industrielle. Un nouvel état d'esprit préside : on cherche à réduire au maximum la pollution des milieux récepteurs.

Les phosphates (par suite l'acide phosphorique) qui sont répandus massivement dans le sol doivent par conséquence contenir le moins d'impuretés.

Nous nous intéressons ici à la purification de l'acide phosphorique de voie humide. Ce milieu contient de nombreux cations métalliques qui sont considérés comme des impuretés.

Parmi ces impuretés, il y a celles qui sont valorisables telles que (U, terres rares…) et doivent être récupérées, et d'autres qui sont pénalisantes pour l'utilisation ultérieure de l'acide telles que (Cd, F, Mg…) et doivent être éliminées.

Le problème de la purification de l'acide phosphorique a été traité ces dernières années par diverses méthodes et techniques et où l'adsorption occupe une place prépondérante. La majorité de ces techniques sont fondées sur des approches expérimentales.

Ce travail comporte quatre parties, le premier chapitre présente une description du procédé de production de l'acide phosphorique de Gabès (Tunisie) où on présente son procédé de fabrication ainsi que des différentes méthodes de séparation qui peuvent éventuellement être utilisée pour l'élimination des espèces Contaminants se trouvant dans l'acide phosphorique. Une attention particulière est accordée à la technique d'adsorption à cause de son intérêt dans cette étude; le deuxième chapitre comporte la liste du matériel et méthodes utilisés ; le troisième chapitre présente tous les résultats, expérimentaux ainsi que leur discussion; et enfin une conclusion générale récapitule les principaux résultats obtenus au cours de ce travail ainsi que des recommandations futures pour une éventuelle amélioration.

Chapitre I : Partie bibliographique

Dans cette première partie, nous évoquerons des généralités sur l'acide phosphorique de voie humide, et nous analyserons l'état des techniques citées dans la littérature pour la purification de l'acide phosphorique.

I- Généralités sur l'acide phosphorique

I-1- Les caractéristiques physico-chimiques de l'acide phosphorique

À température ordinaire, l'acide phosphorique anhydre, chimiquement pur, est un solide blanc. Il fond à 42,4°C pour former un liquide incolore visqueux. Il est très soluble dans l'eau .Cet acide est ni inflammable, ni explosif, mais le contact du produit avec certains métaux libère de l'hydrogène qui peut être source d'incendie et d'explosion. L'acide phosphorique existe à des niveaux divers de concentration et de pureté en fonction de son procédé de fabrication et de son application [a].

L'acide phosphorique est un acide minéral à base de phosphore de formule H_3PO_4. Il s'agit d'un polyacide capable de céder trois protons, on l'appelle donc triacide. L'acide phosphorique transporté par voie maritime est miscible en toute proportion dans l'eau en provoquant un dégagement de chaleur plus ou moins important en fonction de sa concentration. Etant donné sa forte densité (d = 1,57 pour une solution aqueuse d'acide phosphorique à 75 %), l'acide coule en l'absence d'agitation avant de se diluer [b].

Le tableau 1 Récapitule les caractéristiques physico-chimiques de l'acide phosphorique.

Tableau 1. Les propriétés physico-chimiques de l'acide phosphorique [b]

Propriétés physico-chimique de l'acide phosphorique	
Formule brute	H_3PO_4
Masse molaire	97,995204 g·mol^{-1}
PKa	2,12 ; 7,21 ; 12,67
T° fusion	42,35°C
T° vaporisation	260 °C
Solubilité	Miscible à l'eau
Masse volumique	1,834 à 18°C
Pression de vapeur saturante	3,8 Pa à 20 °C

I-2- Description du Procédé de fabrication de l'acide phosphorique par voie humide

Généralement, l'acide phosphorique peut être produit selon deux voies principales : la première est connue comme étant le procédé humide (WPA, Wet process Phosphoric Acid) et elle consiste en l'attaque de la roche de phosphate par un acide fort, le plus souvent l'acide sulfurique. La deuxième voie est basée sur un procédé thermique dans lequel la roche de phosphate est réduite à des éléments qui sont ensuite oxydés et hydratés pour obtenir l'acide phosphorique.

Dans cette partie nous allons décrire le procédé de fabrication de l'acide phosphorique à l'usine de DAP à Gabès.

Le procédé SIAPE de fabrication de l'acide phosphorique, utilisé par toutes les usines du GCT, est une variante du procédé de voie humide. Ce procédé a été développé dans le but de valoriser les phosphates tunisiens en provenance du bassin minier de Gafsa qui sont très réactifs. Ainsi ce procédé, continuellement amélioré, est caractérisé par sa capacité à utiliser les différentes qualités de phosphates disponibles (Meltlaoui, Kef Eddour, Moulares, et Mdhilla). De plus, la flexibilité de ce procédé, sa facilité d'exploitation, ses rendements satisfaisants et ses faibles coûts d'entretien en font une richesse nationale.

L'acide phosphorique produit par ce procédé, présente une concentration voisine de 26 % en P_2O_5, et doit subir une évaporation sous vide afin de le concentrer à 54% en P_2O_5.

➢ **Principe du procédé**

L'acide phosphorique est obtenu par attaque, des roches de phosphates de Gafsa, par l'acide sulfurique en milieu humide et dans des conditions de température, de concentration en P_2O_5 et de concentration en H_2SO_4 bien déterminées. Comme le sulfate de calcium obtenu cristallise sous la forme $CaSO_4.2H_2O$, ce procédé de fabrication par voie humide est un procédé au dihydrate (n=2).

La réaction globale entre la roche de phosphate et l'acide sulfurique se présente comme suit :

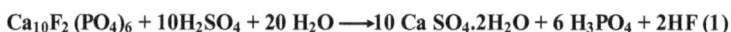

$$Ca_{10}F_2(PO_4)_6 + 10H_2SO_4 + 20\ H_2O \longrightarrow 10\ CaSO_4.2H_2O + 6\ H_3PO_4 + 2HF\ (1)$$

En réalité cette réaction a lieu en deux étapes :

-1ère étape : La solubilisation de phosphate dans l'acide phosphorique pour donner le phosphate monocalcique selon la réaction suivante :

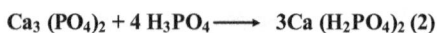

$$Ca_3(PO_4)_2 + 4\ H_3PO_4 \longrightarrow 3Ca(H_2PO_4)_2\ (2)$$

-2ième étape : Le phosphate monocalcique est attaqué par l'acide sulfurique pour libérer l'acide phosphorique :

$$3Ca\,(H_2PO_4)_2 + 3\,H_2SO_4 + 6\,H_2O \longrightarrow 3\,CaSO_4.2H_2O + 6\,H_3PO_4\ (3)$$

Ces deux réactions sont accompagnées par une multitude de réactions secondaires, dues aux impuretés présentes dans le phosphate, dont notamment :

- le carbonate de calcium qui réagit selon la réaction suivante :

$$CaCO_3 + H_2SO_4 + 2H_2O \longrightarrow 2\,CaSO_4.\,2H_2O + CO_2\,(g) + H_2O\ (4)$$

- le fluorure de calcium qui réagit selon la réaction :

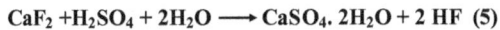

$$CaF_2 + H_2SO_4 + 2H_2O \longrightarrow CaSO_4.\,2H_2O + 2\,HF\ \ (5)$$

- l'aluminium, le fer et le magnésium qui régissent selon les réactions ci-dessous :

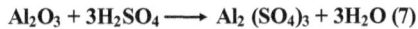

$$Fe_2O_3 + 3H_2SO_4 \longrightarrow Fe_2\,(SO_4)_3 + 3H_2O\ \ (6)$$

$$Al_2O_3 + 3H_2SO_4 \longrightarrow Al_2\,(SO_4)_3 + 3H_2O\ (7)$$

$$MgO + H_2SO_4 \longrightarrow MgSO_4 + H_2O\ (8)$$

Ces réactions sont exothermiques, plus au moins complètes et fortement influencées par la nature et la composition du minerai de phosphate (teneur en impuretés métalliques et autres).

Il est à préciser que l'attaque du phosphate est caractérisée par le taux de dissolution de l'apatite **(1ère étape)** et la cristallisation du sulfate de calcium **(2ème étape)**. Ces deux facteurs dépendent de plusieurs paramètres dont on cite :

- La température de réaction (78 à 80 °C) ;

- La Concentration en P_2O_5 ;

- La Concentration en H_2SO_4 libre ;

- Le Temps de séjour ;

- L'agitation ;

- Le Taux de solide du milieu réactionnel.

Le milieu réactionnel obtenu subi une opération de filtration qui permet de séparer les deux phases suivantes:

- La phase liquide qui est une solution aqueuse d'acide phosphorique;
- La phase solide, $CaSO_4.2H_2O$ ou encore gypse, sous-produit et dont l'élimination est une donnée importante du procédé.

La figure 1 représente le schéma de production de l'acide phosphorique à l'usine de DAP à Gabès.

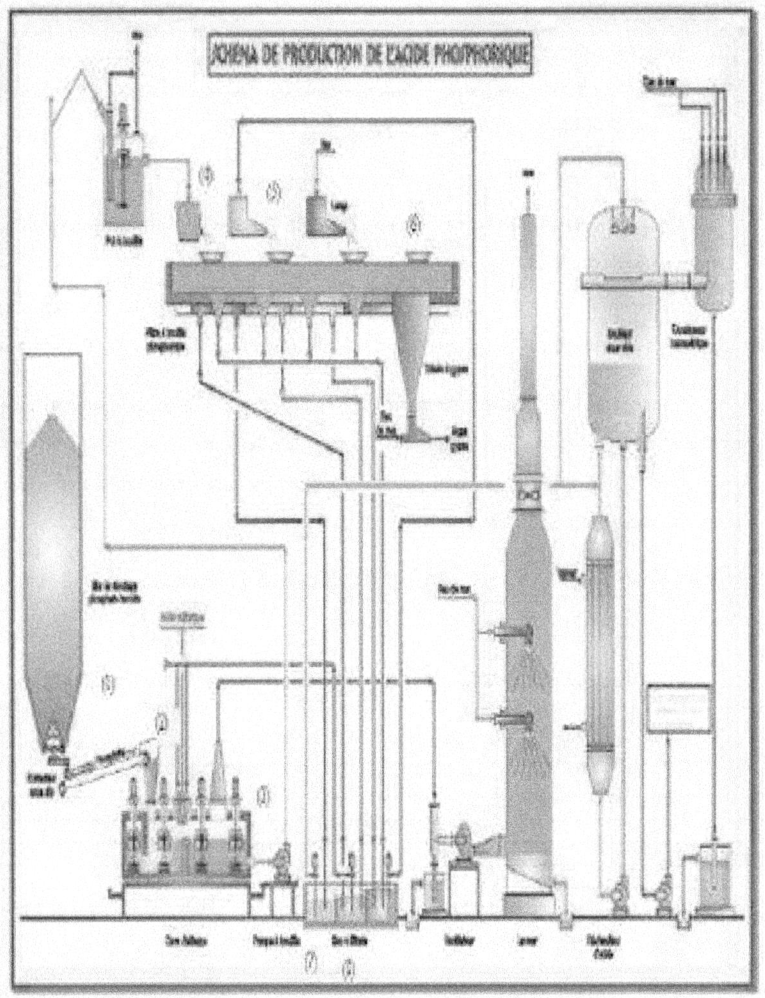

Figure 1. Schéma de production de l'acide phosphorique

I-3-Domaines d'application de l'acide phosphorique

L'acide phosphorique est très utilisé en laboratoire car il résiste à l'oxydation, à la réduction et à l'évaporation.

L'acide phosphorique, principal dérivé actuel de la chimie du phosphore, est un intermédiaire indispensable pour l'élaboration de plusieurs produits notamment :

- Dans la chimie minérale : les engrais, les détergents, l'alimentation animale, le traitement des métaux ;…
- Dans la chimie organique : les plastifiants, les insecticides, les additifs pour essences et huiles lubrifiantes… [1].

I-4-Les impuretés existantes dans l'acide phosphorique et leurs effets gênants

L'attaque sulfo-phosphorique du phosphate solubilise la quasi-totalité des impuretés dans la bouillie phosphorique ce qui implique la production d'acide très chargé en impuretés.

Ces impuretés affectent par la suite la couleur, la densité et la viscosité de l'acide phosphorique. Les impuretés organiques sont généralement présentes sous forme de suspensions colloïdales. Ainsi, l'acide phosphorique contenant ces matières organiques est noir ou brun, et celui n'en contenant pas est vert [2].

Le tableau 2 donne à titre d'exemple évidence le pourcentage d'impuretés contenu dans l'acide phosphorique obtenu par voie humide.

Tableau 2. Analyse chimique de l'acide phosphorique industriel Tunisien [3].

Eléments majeurs et métaux lourds			Terres rares		
P_2O_5	%	52 -56	La	ppm	<5
H_2SO_4	%	1.5 – 3.0	Ce	ppm	4
CaO	%	0.1 – 0.2	Pr	ppm	<1
Fe_2O_3	%	0.35 – 0.50	Nd	ppm	1 – 2
Al_2O_3	%	0.7 - 0.9	Sm	ppm	1 – 2
MgO	%	1 – 1.3	Eu	ppm	<1
F/F	%	0.4 -0.2	Gd	ppm	2 – 4
Cl	ppm	200 - 500	Tb	ppm	<2
C	ppm	350 -600	Dy	ppm	3 – 6
Na_2O	%	0.15 – 0.25	Ho	ppm	1 – 2
SiO_2	%	0.05 – 0.25	Er	ppm	5 – 7
Cd/Cd	ppm	50 – 12	Tm	ppm	1 – 2
Zn	ppm	200 -500	Yb	ppm	12 – 14
Ni	ppm	20 – 30	Lu	ppm	2 – 3
Cu	ppm	4	Y	ppm	80 – 120
Mn	ppm	30 – 45	Th	ppm	13 – 19
V	ppm	80 – 95	Densité	25°C	1.660
				40°C	1.652
			Viscosité	25°C	65 Cp
				40°C	31 Cp

Cr	ppm	280 - 450
As	ppm	<1
Hg	ppm	<1
U	ppm	65 - 85
Ti	ppm	60 - 70
Sr	ppm	1 – 5
Pb	ppm	<5

I-5- Origines des impuretés

D'après la section précédente, il apparaît clairement que la roche de phosphate est la principale source des impuretés dissoutes ou en suspension, de l'acide phosphorique issu du procédé humide. Différents facteurs contribuant à la contamination de l'acide phosphorique peuvent intervenir, et où les principales sources sont décrites comme suit:

- *Contamination par le chlore:* l'ion de chlore dans l'acide phosphorique provient essentiellement du minerai de phosphate où il est présent comme chlorure métallique alcalin tel que NaCl. Il est éliminé par lavage avec de l'eau. Le chlore peut aussi se trouver dans l'apatite elle-même, sous forme de sel insoluble dans l'eau ou comme un oxychlorure formé durant la calcination de la roche de phosphate.

- *Contamination par le fluor:* le composé fluoré CaF_2 de la fluoroapatite de la roche de phosphate réagit avec l'acide sulfurique durant l'étape d'acidulation pour produire l'acide hydrofluorique qui peut donner des ions HF_2^- et F^-, dépendant de l'activité de l'ion d'hydrogène de la solution selon les équilibres suivants:

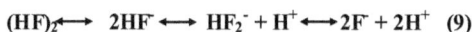

$$(HF)_2 \longleftrightarrow 2HF^- \longleftrightarrow HF_2^- + H^+ \longleftrightarrow 2F^- + 2H^+ \quad (9)$$

Certains composés métalliques dissous contribuent à la formation de complexes métalliques fluorés qui sont totalement ou partiellement solubles. Par exemple les composés d'aluminium forment des complexes de fluorure d'aluminium tels que $(AlF_6)^{3-}$ qui sont des acides solubles. D'autres réactions permettent la formation des complexes métalliques fluorés avec Fe^{3+}, Mg^{2+}, Ca^{2+} et Na^+, qui sont partiellement solubles.

Il faut aussi noter que les impuretés peuvent être introduites durant le procédé de fabrication, tel que par exemple, les ions Cl^- amenés par l'eau de lavage qui peut être l'eau de mer. L'acide sulfurique obtenu des industries hydrométallurgiques peut lui aussi introduire des impuretés additionnelles [4].

I-4-1- Le cadmium

Le cadmium est un élément chimique de symbole Cd et de numéro atomique 48. C'est un métal blanc argenté .Il fond à 320,9 °C et bout à 767 °C.

Lors de son ébullition, il se dégage des vapeurs jaunes toxiques. Il réagit avec les acides et les bases. Le cadmium est soluble dans l'acide nitrique dilué et dans les acides chlorhydrique et sulfurique concentrés et chauds [b].

Le cadmium est une impureté toxique et gênante dans l'acide phosphorique dont la présence provoque des limitations dans la commercialisation de cet acide ou des produits en découlant.

I-4-2- Le magnésium

Il a toujours été considéré comme l'élément le plus nuisible à la fabrication de l'acide phosphorique et ses dérivés [2].

Les ions de magnésium sont à l'origine de plusieurs difficultés lors de la fabrication de l'acide phosphorique. En effet:

· La présence de magnésium dans l'acide augmente la densité et la viscosité de celui-ci, ce qui rend sa filtration et son transfert par pompage très difficile;

· Le magnésium précipite en partie sous forme de pyrophosphate acide de magnésium lors de la concentration de l'acide entraînant des pertes en P_2O_5 ;

· La présence de magnésium est également responsable de la formation de boues suite à la post-précipitation de certaines impuretés qui décantent. Les engrais liquides préparés à partir de l'acide super phosphorique contenant une forte teneur en magnésium présentent donc une mauvaise stabilité du séchage [4].

I-4-3- Le fer et l'aluminium

Ils ont une incidence sur les performances des procédés industriels de transformation de phosphate et de fabrication d'engrais.

Ils se trouvent généralement sous forme, d'oxydes ou de silicates dans les phosphates [2].

L'aluminium est souvent associé au fer, il est par conséquent impossible de dissoudre le phosphate sans que ces deux métaux ne passent ensemble en solution [2].

L'effet néfaste de ces impuretés se manifeste au cours des diverses étapes de fabrication de l'acide phosphorique.

I-4-4- Matières organiques

Elles entrainent généralement des difficultés dans la production de l'acide phosphorique par voie humide du fait de la production de mousse et d'une boue qui gène la filtration [2].

L'ampleur de ces difficultés dépend de la quantité et du type des matières organiques.

Les principales difficultés dues aux matières organiques sont :

➢ Inhibition de la croissance des cristaux de gypse ;
➢ Mauvaise filtration du gypse ;
➢ Obtention d'acide 54% de P_2O_5 marchand noir qui nécessite une clarification par la bentonite ou autre ;
➢ Difficultés de filtration des boues acides 54% en P_2O_5 [2].

I-4-5-Le fluor

Le fluor est l'élément chimique de la famille des halogènes de symbole chimique F et de numéro atomique 9. C'est l'élément chimique le plus réactif. Il présente la plus grande électronégativité [b].

Il provoque des brulures au contact de la peau [b].

La présence du fluor soit sous forme d'ion fluorure, d'ion fluorosilicique ou d'un complexe métal-fluor interdit son utilisation dans l'industrie alimentaire dans laquelle il est notamment exigé un acide phosphorique dont la teneur pondérale en fluor rapportée à la teneur en P_2O_5 de la solution aqueuse doit être inférieure à 10 ppm [2].

I-4-6-Les carbonates

Le carbonate de calcium est souvent présent en association avec le minerai sous forme de calcite. Il est décomposé en précipitant du sulfate de calcium et en libérant du gaz carbonique [2].

Le dégagement de CO_2 entraine la formation de mousse qui :

➢ Empêche le mouillage des particules de minerai ;
➢ Cause des pertes de P_2O_5 en raison de l'entrainement de mousse avec de l'air ;

➢ Engendre une consommation spécifique en acide sulfurique supplémentaire [2].

I-4-7-La silice

Les qualités de phosphate riches en silice peuvent poser des problèmes au cours de la fabrication de l'acide phosphorique.

L'acide phosphorique obtenu contient du fluor sous forme d'ions fluorures ou fluorosilicates.

Ces impuretés affectent les performances du procédé. Les ions fluorosilicates réagissent avec les métaux alcalins pour former des encroûtements durs aux stades de la réaction, filtration et évaporation.

Le détartrage de ces dépôts par moyens manuels s'impose et réduit par conséquent le temps d'exploitation des unités de fabrication d'acide phosphorique [2].

I-4-8-L'uranium

L'uranium est un élément chimique de symbole U et de numéro atomique 92. On le trouve partout à l'état de traces, y compris le phosphate. L'uranium se trouve dans l'acide phosphorique à l'état VI et l'état IV pour les solutions fraîches et surtout à l'état VI pour les vieilles solutions [b].

C'est un métal lourd radioactif (émetteur alpha). C'est aujourd'hui la matière première initiale pour toute l'industrie nucléaire.

L'uranium présente une toxicité comparable à celle d'autres métaux lourds, du même ordre que celle du plomb. Il a des effets néfastes sur la reproduction et le développement chez les êtres humains [b].

Dans l'état actuel, on ne peut extraire l'uranium dans des conditions rentables directement à partir du minerai de phosphate mais seulement en association avec la production d'acide phosphorique. Dans les procédés d'extraction, l'uranium est extrait à la valence VI ou IV. La valence IV étant la plus stable, à l'état naturel le métal existe majoritairement sous forme UO^{2+} [1].

II-   Procédés de traitement de l'acide phosphorique

L'API doit donc subir des traitements pour l'élimination ou la réduction de la teneur de ces impuretés.

II-1- La Précipitation

Les procédés par précipitation de composés insolubles (hydroxydes, carbonates, sulfures) sont sans doute les plus connus et les plus anciens, ils dépendent essentiellement du pH, des produits de solubilité et du potentiel redox du milieu.

La méthode la plus fréquemment utilisée consiste à neutraliser la solution en élevant le pH pour former des hydroxydes qui précipitent. Une simple décantation permet alors de séparer la phase solide contenant le polluant et la phase liquide constituant la solution épurée ; de tels procédés peuvent nécessiter dans certains cas des quantités importantes de réactifs, rendant la méthode peu attractive d'un point de vue économique.

Concernant la purification de l'acide phosphorique, la méthode de précipitation a été aussi exploitée par une technique de relargage à l'acétone qui est un solvant miscible à l'acide. En effet le cadmium et certains métaux lourds peuvent être précipités par des ions hydroxydes, carbonates ou sulfures. Parmi ces précipités, le moins soluble est celui des sulfures. Cependant en milieu acide la solubilité de ces sulfures reste élevée où justement la technique de relargage à l'acétone favorise la précipitation des ces ions dans l'acide phosphorique. Il faut noter que le choix de l'acétone comme solvant n'est pas limitatif où d'autres solvants de groupe des alcools et des cétones peuvent aussi être utilisés [4].

Pour l'acide phosphorique a retenu les amines quaternaires comme éventuels agents précipitant le complexe cadmium iodé. Le choix a été fait à l'issue de plusieurs tentatives ou ils ont été confrontés à des contraintes de pH et de force ionique imposés par le milieu.

Le procédé de précipitation proposé est simple, unitaire et n'exige aucun traitement préalable de l'acide. Il permet :

- une épuration très efficace (97%) ;
- une grande affinité pour le cadmium ;
- une performance aussi dans l'acide concentré 54% [1].

Le travail de [21] a consisté à mettre au point un procédé de purification couplant les opérations de Précipitation et d'UltraFiltration (UF) (procédé dénommé PUF). Ces premiers essais ont permis de mettre en évidence l'intérêt de la cellulose régénérée par rapport au polyethersulfone pour le choix du matériau des membranes d'UF.

L'absence de dégradation chimique, la bonne perméabilité à l'acide phosphorique 5,5 M et l'amélioration de la perméabilité après traitement par l'acide phosphorique, font de la cellulose régénérée un matériau intéressant [21].

D'autre part les études de colmatage (filtration frontale) ont montré une très forte accumulation de matière sur la membrane et dans les pores au fur et à mesure de la filtration. Pour valider ces essais à une échelle industrielle il serait intéressant d'envisager la faisabilité du procédé PUF avec des membranes d'UF immergées [21].

Les abattements de 84% en Cd, de 30% en alumine et de plus de 60% en Arsenic ouvrent une nouvelle voie de purification de l'acide phosphorique industriel[21].

II-2-Echange d'ions

Les traitements par échange d'ions sont également très utilisés. Ils consistent à faire passer la solution à traiter sur un matériau susceptible d'échanger un ion (le plus fréquemment Na+ ou H+) avec le cation polluant.

Les résines d'échanges d'ions sont très utilisées, particulièrement pour épurer les eaux de rinçage pour les procédés de galvanisation [6] et aussi pour purifier l'acide phosphorique, objet de cette étude où à titre d'illustration, l'élimination du magnésium de l'acide phosphorique issue de la roche de phosphate.

Généralement la résine utilisée est polystyrènique et macroporeuse. Elle est constituée de chaînes de polystyrène réticulées par le divinyl de benzène. L'échange ionique se réalise d'après la réaction suivante:

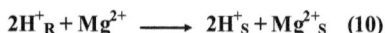

$$2H^+_R + Mg^{2+} \longrightarrow 2H^+_S + Mg^{2+}_S \quad (10)$$

Les indices S et R indiquent respectivement les ions en solution ou fixés à la résine.

Généralement ce procédé d'élimination se fait en deux étapes où la première consiste à faire subir à l'acide un échange d'ions suivi de la régénération de la résine à l'aide de l'acide sulfurique. La deuxième étape consiste en un traitement de l'acide sulfurique afin de le régénérer et le recycler [5].

Les traitements par échange d'ions présentent l'avantage d'une mise en œuvre facile, mais ont pour inconvénient un coût d'investissement relativement élevé lorsque les volumes à traiter sont importants, et des frais de fonctionnement non négligeables liés à la régénération du matériau lorsqu'il est saturé.

II-3- L'électrolyse

L'électrolyse permet de réaliser des oxydations et des réductions et par conséquent, elle modifie la nature des espèces dissoutes (changements du degré d'oxydation en chimie minérale ou de fonction en chimie organique) [4].

Effectuer une séparation par électrolyse consiste à éliminer une espèce dissoute (ou plusieurs) sous forme d'un solide déposé sur (ou dans) une électrode. A titre d'exemples on peut citer [7]:

- Réduction du cadmium Cd^{2+} sur électrode de mercure :

$$Hg + Cd^{2+} + 2é \longrightarrow Cd\,(Hg) \quad (11)$$

- Oxydation du plomb Pb2+ en oxyde de plomb sur électrode de platine :

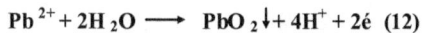

$$Pb^{2+} + 2H_2O \longrightarrow PbO_2 \downarrow + 4H^+ + 2é \quad (12)$$

II-4- La flottation

La flottation fait appel à la différence de masse volumique de solides ou de globules liquides et celle du liquide dans lequel ils sont en suspension. Ce procédé de séparation solide-liquide ou liquide - liquide ne s'applique qu'à des particules dont la masse volumique réelle (flottation naturelle) ou apparente (flottation provoquée) est inférieure à celle du liquide qui les contient. La "flottation provoquée" exploite l'aptitude qu'ont certaines particules solides ou liquides à adhérer à la surface des bulles de gaz (l'air le plus souvent) pour former des ensembles particules – gaz moins denses que le liquide dont elles constituent la phase dispersée [7].

La résultante des forces (pesanteur, poussée d'Archimède, force de résistance) conduit à un déplacement ascendant des ensembles particule-gaz qui se concentrent à la surface libre du liquide d'où ils sont éliminés [7].

II-5- Procédés biotechnologiques

Bien qu'il soit difficile d'effectuer un classement de ces différentes méthodes nous distinguerons :

· celles qui utilisent des microorganismes (bioaccumulation des métaux lourds par des bactéries, des champignons ou des algues),

· celles qui mettent en œuvre des matériaux d'origine naturelle, la cellulose et ses dérivés.

II-6- La phytoremédiation

Parallèlement à la biodégradation, qui est un procédé biologique qui fait appel aux microorganismes pour éliminer les polluants organiques, l'utilisation des plantes pour l'accumulation des produits toxiques est une idée qui prend de l'importance [27].

Connue sous le nom de phytoremédiation, l'utilisation des plantes pour l'extraction des produits toxiques à partir du sol (plus particulièrement les métaux lourds), est passée depuis une dizaine d'années de la phase conceptuelle à la phase commerciale. Des recherches ont montré que certaines plantes peuvent accumuler des métaux lourds dans leur partie aérienne, avec des teneurs de 1.5% de la matière sèche. Les faibles couts associés à la technologie de phytoremédiation, ainsi que la possibilité de recyclage de certains métaux, expliquent l'intérêt grandissant pour son développement [27].

La voie dans laquelle les chercheurs se sont le plus investis est la phytoextraction. Cette technique utilise des plantes capables de prélever les éléments traces toxiques et de les accumuler dans les parties aériennes qui seront ensuite récoltées puis incinérées [27].

Pour le Plomb, le Cadmium, l'Arsenic et les radionucléides, on ne connait pas de nos jours des plantes capables d'accumuler naturellement des grandes quantités de ces éléments [27].

Des expériences réalisées par Jorgensen (1993) ont montrées que l'application d'un chélateur synthétique, comme l'EDTA, aux milieux stimulait l'absorption et l'accumulation du plomb dans la partie aérienne qui directement corrélée avec l'accumulation de l'EDTA. Ce résultat suggère clairement que ce métal est transporté dans la plante sous forme du complexe Pb-EDTA [27].

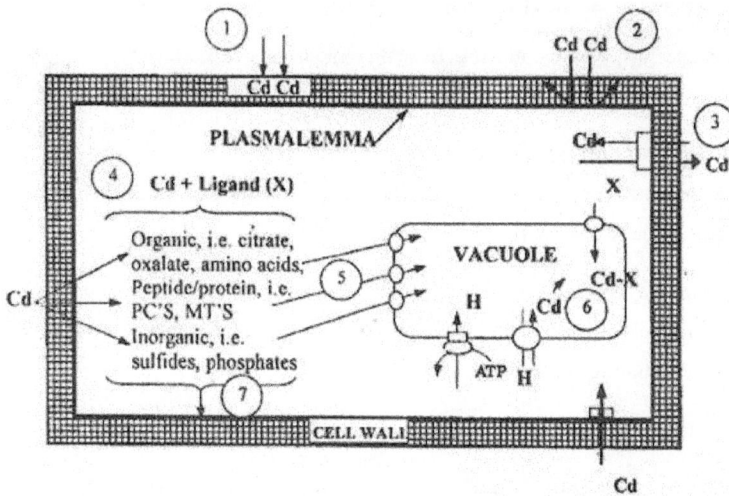

Figure 2. Schéma descriptif de plusieurs modes de contrôle de l'absorption, de l'exclusion et d'accumulation du cadmium dans les cellules végétales (Wagner, 1993)

(1) Adsorption à la paroi cellulaire (2) restriction de l'influx du Cd (3) efflux actif du Cd assuré par une pompe (4) accumulation cytosolique par séquestration sous forme de complexes (5) transport du complexe Cd-ligand et du Cd dans la vacuole (6) transport dans la vacuole par un système d'antiport H^+ / Cd^{2+} (7) transport du complexe Cd-ligand vers le milieu extérieur [27].

II-6- Procédés membranaires

Les procédés membranaires, utilisés depuis quelques années dans l'industrie (agroalimentaire, peinture, dessalement...), tendent à se développer actuellement dans le traitement des eaux.

Le principe consiste à faire circuler une solution à travers une paroi mince (membrane semi-perméable) sous l'effet d'une force motrice (pression, concentration, champ électrique) en arrêtant certaines molécules et en laissant passer d'autres.

La sélection peut s'effectuer :

· soit par la taille des pores,

· soit par des critères d'affinité entre molécules ou ions et la membrane.

L'analyse des résultats expérimentaux de la pertraction de l'uranium à travers la membrane à fibres creuses [1] ont confirmé le mécanisme de l'échange anionique proposé :

$$UO_2H_2PO_4)_5^{3-} + 2R_3NH(H_2PO_4) \longrightarrow (R_3NH)_2UO_2(H_2PO_4)_4 + 3(H_2PO_4)^- \quad (13)$$

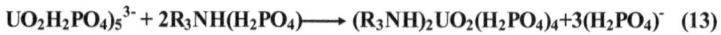

Cette technique assure une sélectivité du transport et que le coefficient de transfert est de nature hydrodynamique.

II-7- Extraction liquide-liquide

En pratique, comme le montre la figure 3, l'utilisation d'un procédé liquide-liquide est réalisée en deux opérations successives :

- Une mise en contact intime des deux liquides par agitation durant un temps suffisant pour l'obtention de l'équilibre pendant lequel le ou les solutés sont transférés de la phase d'alimentation vers le solvant.

- Une séparation des deux phases (extrait et raffinat) à l'équilibre par décantation.

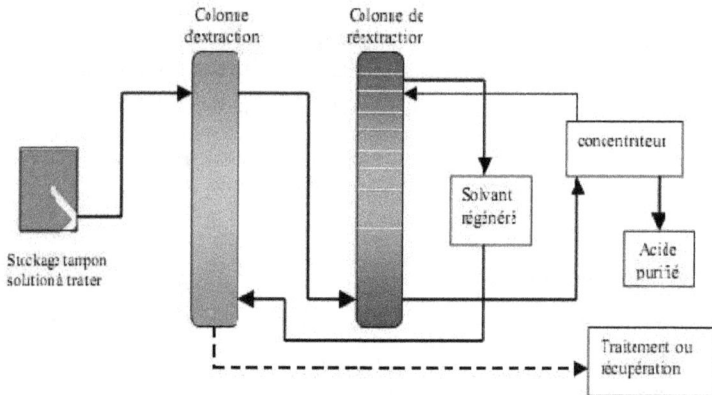

Figure 3. Etape d'extraction d'un soluté

Le rapport de concentrations du soluté dans l'extrait et le raffinat à l'équilibre, appelé coefficient de distribution, donne une mesure de l'affinité relative du soluté pour les deux phases, ainsi que la faisabilité de l'opération [8].

> *Elimination de l'uranium*

Différents solvants ayant plutôt un caractère acide phospho-organique ont été utilisés et où l'extraction de l'uranium utilisant l'acide octylpyrophosphorique (OPPA) comme solvant a été essayée pour la première fois par Dow Chem en 1947 [9]. On peut aussi citer d'autres solvants appartenant à la même famille tels que l'acide dialkyldithiophosphorique **[11]**, l'acide diphosphonique **[11]**, l'acide di (2-ethylhexyl)phosphorique (D2EHPA), l'oxyde tri-n-octylphosphine (TOPO) **[12]**, le di (2 éthylehexyl) phosphate (DEPA), etc.

Aussi dans **[13]**, un procédé développé à l'échelle industrielle, a utilisé une combinaison de deux solvants: le di (2 éthylehexyle) phosphate (DEPA et l'oxyde tri-n-octylphosphine (TOPO) **[13]**. Ce procédé a prouvé sa fiabilité ainsi que la stabilité et l'efficacité de l'extractant. Le même procédé a aussi été utilisé mais en combinant toujours le DEPA avec le tri-butylphosphate (TBP) dans du kérosène comme diluant. La présence du TBP a eu pour effet de favoriser la séparation de phases, réduisant les pertes en extractant comme rapporté par Bunus et coll **[14]**.

➢ *Elimination du Cadmium*

L'extraction liquide-liquide, utilisant un acide phospho-organique, du cadmium présent dans l'acide phosphorique issu du procédé humide, a été l'objet de plusieurs travaux rapportés dans la littérature. A titre d'exemple, l'extraction par le biais de l'acide bis 2ethylhexylphosphorique (HDEHP ou HA) ainsi que sa complexation par les ions phosphates a été étudiée par de nombreux auteurs **[18]**.

Les solvants phospho-organiques utilisés, toujours dans l'étude présentée par **[15]** le TBP, le D2EHPA et le TOPO, dans le kérosène. D'après les résultats rapportés dans cette étude, le solvant TOPO a montré de bien meilleurs capacités d'extraction que les deux autres solvants: le TBP et le DE2HPA. Généralement il a été constaté que l'extraction est améliorée par la présence d'ions Cl$^-$ en solution, contrairement à la température qui a montré un effet légèrement négatif. Aussi l'extraction augmente avec la concentration du solvant, par contre elle décroît si les concentrations du cadmium ou celle de l'acide sont augmentées (indépendamment) et celle de l'ion Cl$^-$ est gardée fixe.

➢ *Elimination du Fer*

Dans **[16]** , un procédé industriel basé sur l'extraction cationique et couramment utilisé a été décrit. La phase organique est un mélange de l'acide sulfonique dinonyl naphtalène (DNNSA) et le di-2 éthyle hexyle acide phosphorique (D2EHPA), dilués dans le kérosène. Actuellement, l'acide sulfonique didodecyl naphtalène (HDDNSA) est entrain de remplacer le DNNSA dans un grand nombre d'applications industrielles, de par sa faible solubilité dans l'eau, ce qui réduit les coûts opératoires.

> *Elimination de l'Aluminium*

Dans une autre étude menée par El Khaiary [17] l'extraction des ions d'aluminium est faite en utilisant le HDDNSA dilué dans le Kérosène. Ce travail a permis d'établir que l'aluminium extrait est sous forme de complexe $Al(DDNSA)_3$.

II-8- L'adsorption

L'adsorption caractérise l'aptitude de certains matériaux, une fois mis en contact avec un système fluide (phase liquide ou gazeuse), à fixer à leur surface des molécules de ce dernier. Il s'agit donc d'un transfert de masse de la phase liquide ou gazeuse vers la surface solide suivi d'une adhésion à celle ci par l'intermédiaire de liaisons physiques de type van der Waals auxquelles s'ajoutent des liaisons purement chimiques. Ceci explique qu'aucune loi ne s'est avérée complète au point de permettre de prévoir, à priori, les affinités relatives d'un matériau avec une autre substance [7]. Comme exemple d'adsorbants on peut citer les charbons actifs qui sont assez fréquemment utilisés. Ils sont fabriqués à partir de divers matériaux tels que le bois, charbons bitumeux, lignite et certains résidus du pétrole. Pour chaque application spécifique, il faut sélectionner le type de charbon actif le plus approprié car ces derniers ont des propriétés qui dépendent du mode d'activation et de la nature de la matière utilisée [6].

A titre d'illustration et concernant toujours la purification de l'acide phosphorique, cette technique a été surtout utilisée pour l'élimination de la matière organique contenue dans ce dernier. En effet la présence de cette matière organique peut affecter d'une façon importante, la récupération par extraction de l'uranium qui est présent dans l'acide. La matière organique réagit avec les solvants organiques pour former des mousses assez stables qui gênent considérablement les transferts de matière entre les phases aqueuse et organique [21].

Sabriye Doyurum et Ali çelik [22] ont déterminé l'usage de la croûte d'olive comme adsorbent des ions de Pb (II) et Cd(II) des solutions aqueuses. La croûte d'olive est un déchet d'usine d'olive et habituellement utilisé dans le chauffage et comme engrais. Sa structure contient des composés organiques tel que la matière lignocellulosique, polyphénol et aussi l'acide aminé, les protéines, l'huile, et les tanins [43]. Le déchet a été lavé avec l'eau distillée, séché puis broyé et tamisé pour obtenir des particules de dimension 212 −132 µm. La croûte d'olive contient un anneau aromatique qui possède un grand nombre de liaison d'hydrogène avec un taux élevé de composants phénoliques et la prédominance de groupes methoxy labiles. Ces groupes jouent un rôle excellent dans la rétention des métaux lourds comme des sites échangeurs de cations. La désorption des ions métalliques adsorbés a été effectuée par de faibles concentrations d'acide nitrique ce qui montre que les ions Pb(II) et le Cd(II) sont liés à la surface de la croûte d'olive avec des liaisons chimiques faibles [24].

La rétention des matières organiques sur le solide poreux est conditionnée à la fois par sa propre composition et les caractéristiques du charbon actif. La composition de la matière organique est un ensemble complexe de molécules de tailles variables, avec des groupements hydrophobes et hydrophiles. La distribution de la taille des molécules de la matière organique dissoute s'étale entre 0,5 nm et 5 nm, ce qui induit obligatoirement une exclusion stérique avec des charbons dont la porosité n'est pas adaptée. Une diminution du pH peut améliorer l'adsorption des MON, en jouant sur la modification de la charge du charbon et en diminuant la protonation des groupements fonctionnels [25].

Les argiles pontées peuvent être utilisées pour la rétention des MON grâce a leurs importante porosité naturelle et surtout la possibilité de modifier facilement ces structures pour leur donner un caractère hydrophobe et organophile, grâce à la présence de cations interfoliaires facilement échangeables avec des cations métalliques de plus grosses tailles et moins hydrophiles. Parmi les différents types d'argiles, la montmorillonite semble la plus utilisée dans les articles publiés. Ce matériau constitue la fraction majoritaire de la bentonite (75%). Il est constitué de silicates de petite taille (<2μm) qui sont plus au moins bien cristallisés [25].

A température ambiante, les données de sorption sur les minéraux argileux sont généralement interprétées par deux mécanismes différents agissant séparément ou simultanément :

- L'échange ionique, qui correspond en fait à une compétition entre le cation considéré et le cation de l'électrolyte sur les sites d'échange. Ce mécanisme, qualifié de non spécifique, est majoritaire à faible pH et pour des forces ioniques relativement faibles (I < 0.1M). La majorité des donnes de sorption obtenues pour les cations monovalents, tel que le césium, est généralement interprétée grâce à ce seul processus.
- La complexation de surface, fortement dépendante du pH et qui correspond à une adsorption spécifique en bordure des feuillets [26].

La majorité des données de sorption des cations di et trivalents, sur les matériaux argileux, est interprétée en faisant intervenir simultanément les deux mécanismes. L'adsorption est généralement endothermique pour les cations divalents et trivalents, avec une augmentation de l'adsorption lorsque la température augmente. D'un autre coté, la rétention de cations monovalents est généralement diminuée par une élévation de température et est donc de nature exothermique [26].

Le phénomène d'adsorption est le résultat de l'interaction d'une molécule ou d'atomes libres (l'adsorbat) avec une surface (adsorbant). L'adsorption peut être de deux natures différentes :

❖ *La chimisorption :* où les énergies d'interaction sont élevées (de 40 kJ à 400 kJ) et s'accompagnent de la formation d'une liaison.

❖ *La physisorption :* ou l'énergie d'interaction mise en jeu est faible (jusqu'à 50kJ). Il n'y a pas de formation de liaisons. Elle résulte de la présence de forces intermoléculaires d'attraction et de répulsion qui agissent entre deux particules voisines [26].

Chapitre II. Matériels et Méthodes

I- Purification de l'acide phosphorique par voie chimique

I-1- Description de l'acide phosphorique industriel Tunisien

L'API utilisé est issu du Groupe chimique Tunisien de concentration égale à 51.65% en P_2O_5 et dont le taux du fluorure est de 0.2% et la concentration en cadmium est de 15 ppm.

I-2- Généralités sur les agents complexants

Dans cette partie, nous décrirons les agents complexants utilisés dans notre étude pour le traitement de l'acide phosphorique industriel :

I-2-1-EDTA

L'EDTA, ou acide éthylène diamine tétracétique, est un acide diaminotétracarboxylique de formule $C_{10}H_{16}N_2O_8$. Comme le montre la figure 1 , il comporte 6 sites basiques, 4 correspondant aux bases conjuguées (carboxylates) des fonctions carboxyliques et 2 correspondant aux fonctions amines [a].

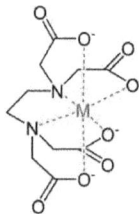

Figure 4. Complexe EDTA-Métal

L'EDTA est un agent chélateur puissant (c'est-à-dire qu'il masque la toxicité de certains composés) qui forme des complexes métalliques très stables. Ceci fait de lui, un poison, en particulier avec des éléments essentiels comme le calcium et le magnésium, indispensables à la vie. L'éthylène diamine tétraacétique (EDTA) a aussi pour caractéristique de fixer très fortement d'autres éléments et notamment les métaux dits " lourds " : plomb, mercure ou cadmium, ce qui explique l'emploi de l'EDTA comme agent de désintoxication encore très utilisé, malgré sa toxicité [c].

I-2-2-Le chlorure de fer(III)

Également appelé chlorure ferrique ou perchlorure de fer, est un sel de fer de formule chimique $FeCl_3$. C'est un composé très hygroscopique, qui émet des vapeurs dans l'air humide sous l'effet de l'hydrolyse. La réaction de dissolution dans l'eau est très exothermique et forme une solution acide marron. Ce liquide corrosif est utilisé pour traiter les eaux usées et les eaux d'adduction. Il est également utilisé pour l'attaque de métaux à base de cuivre (notamment ceux présents dans les circuits imprimés) ainsi que l'acier inoxydable [a].

Le chlorure de fer(III) anhydre est un acide de Lewis assez puissant, utilisé comme catalyseur dans des réactions de chimie organique. La forme hexahydratée, jaune, est la forme commerciale la plus courante du chlorure ferrique. Sa structure est $[FeCl_2(H_2O)_4]Cl.2H_2O$ [a].

Le chlorure ferrique est l'un des réactifs les plus utilisés pour l'attaque des métaux. Il est notamment très utilisé pour attaquer le cuivre. Cette attaque met en œuvre une réaction d'oxydo-réduction [a]:

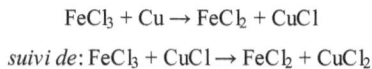

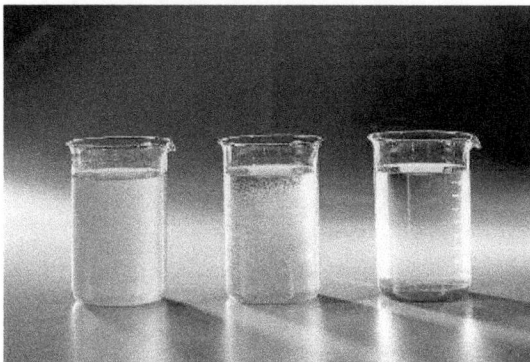

$$FeCl_3 + Cu \rightarrow FeCl_2 + CuCl$$
$$suivi\ de: FeCl_3 + CuCl \rightarrow FeCl_2 + CuCl_2$$

Figure 5. Floculation avec le chlorure ferrique

I-2-3-Posidonie

La posidonie, contrairement aux croyances n'est pas une algue mais une plante vivace à fleurs, très riche pour celui qui veut se donner la peine de regarder et de chercher. Elle pousse très lentement (1 cm/an) et n'existe qu'en Méditerranée [d].

> *Description*

- *Feuilles :* environ 1 cm de large, longues de 20 à 80 cm. Vivent entre 5 et 8 mois ;

- *Fleurs :* mâles et femelles à la fois, vertes et discrètes. Elles sont rares, ne fleurissent pas tous les ans ;

- *Matte :* c'est l'ensemble des racines, des rhizomes et des écailles, avec les interstices comblés par les sédiments ;

- *Pelotes de mer* : formées par des fragments de rhizomes, d'écailles et de feuilles, le tout amalgamé par du sable et roulé par les vagues ;

- *Fruits :* ils ont la forme d'olives vertes, et sont mûrs après 6 à 9 mois, puis se détachent et flottent entre mai et juillet pour ensuite germer ;

- *Rhizomes :* ils sont enfouis dans le sédiment, et se développent horizontalement ou verticalement, très lentement, 1 à 3 cm par an ;

- *Racines :* elles peuvent aller jusqu'à 70 cm de profondeur **[d]**.

Figure 6. Posidonia Oceanica

> *Utilisations de la posidonie*

- Isolant (revêtement des toits avec les feuilles mortes), ignifuge,
- Emballage des verreries à Murano (Venise),
- Engrais (jusqu'au début du 20ème siècle),
- Alimentation animale (avec les fruits),
- Chaussures en feutres fabriquées avec les pelotes,
- Confection des litières pour animaux et paillasses pour les hommes, grâce aux qualités hygiéniques, aucun parasite ne s'y installe **[d]**.

Les métaux sont pris en charge par des ligands puis traversent la membrane par des récepteurs spécifiques. Une fois à l'intérieur de la cellule, ils se lient à des ligands internes ou à des enzymes [28].

Les cellules phytoplanctoniques disposent de 7 mécanismes de défense pour lutter contre la toxicité métallique (Gonzalez-Davila, 1995) :

- des pompes actives qui permettent de maintenir une concentration basse à l'intérieur des cellules.
- un changement de l'état d'oxydation de l'élément toxique à l'intérieur de la cellule par des processus enzymatiques pour obtenir une forme moins toxique de l'élément.
- la précipitation des complexes métalliques insolubles sur la surface cellulaire.
- la complexation des ions métalliques avec les métabolites excrétés, ce qui masque le métal toxique.
- la vaporisation et l'élimination par des moyens de conversion d'un métal toxique en une forme chimique volatile.
- la liaison des ions métalliques avec des protéines ou des polysaccharides à l'intérieur de la cellule, ce qui peut désactiver la toxicité des ions métalliques.
- la méthylation d'un élément qui peut, enzymatiquement et intracellulairement, empêcher un élément toxique de réagir avec un groupe –SH [28].

I-3-Préparation de la posidonie
- Sécher la plante dans l'étuve pendant au moins 12h ;
- Broyer la en taille très fine.

I-4-Préparation des solutions

- Peser 4g de chaque agent dans un Erlenmeyer de 500 mL ;
- Ajouter 500mL d'acide phosphorique industriel ;
- Mettre sous agitation ;
- Effectuer des prélevements de 30 mL a peu prés de chaque solution suivant le tableau suivant :

Tableau 3. Suivi du temps de prélèvement des échantillons

Temps de contact (h)	2			6			23		
Désignation	P2h	F2h	E2h	P6h	F6h	E6h	P23h	F23h	E23h
Temps de contact (h)	31			51			124		
Désignation	P31h	F31h	E31h	P51h	F51h	E51h	P124h	F124h	E124h

Notre étude sera consacrée pour la détermination du taux du Cadmium et du Fluorure éliminé de la solution d'acide phosphorique. Pour cela la variation du taux de cadmium a été effectué par de la spectroscopie d'adsorption atomique de flemme (SAAF) (Annexe 1) et celui de fluorure par Electrode spécifique (Annexe 2).Le pourcentage d'impuretés adsorbées est calculé selon l'équation suivante :

$$\% \text{ d'impuretés adsorbées} = C_0 - C_t / C_0 * 100 \qquad \text{(a)}$$

II- Dosage potentiométrique des argiles : Détermination du Point de Charge Nulle (PCN)

II.1. Structure de la montmorillonite

Les montmorillonites apparaissent en général comme des lamelles très fines, de petites dimensions, à contour irrégulier. Les feuillets élémentaires de la montmorillonite sont constitués de trois couches avec une plus grande proportion de silicium. La zone se situant entre les feuillets est appelée zone interfoliaire et peut contenir des cations, de l'eau, des cations hydratés, des molécules organiques ou des feuillets entiers....

Une formule structurale typique d'une montmorillonite est :

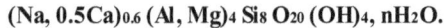

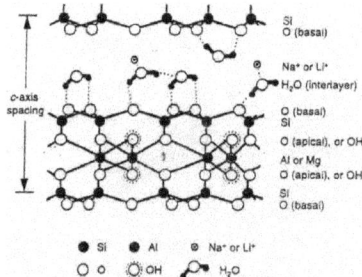

$$(Na, 0.5Ca)_{0.6} (Al, Mg)_4 \ Si_8 \ O_{20} \ (OH)_4, nH_2O.$$

Figure 7. Schéma de la montmorillonite (Yan et al..1996)[29]

Les propriétés de gonflement de la montmorillonite sont à l'origine de la rétention d'eau qui provoque le gonflement et il est généralement admis que, lorsque l'argile est suffisamment saturée en eau, les cations présents dans l'espace interfoliaire sont facilement échangeables. L'influence de l'état d'hydratation de l'argile sur le gonflement de la structure peut être comprise qualitativement en considérant les forces électrostatiques existant entre le cation interfoliaire et la surface [29].

II-2-Préparation des argiles

II-2-1- Préparation de la montmorillonite sodique

Cette opération a pour but de traiter la montmorillonite purifiée par homo-ionisation sodique qui permet de remplacer tous les cations échangeables de natures diverses par des cations de sodium identiques. Le protocole opératoire suivant a été adopté :

- Peser 10g d'argile et les mettre dans un bécher de 1L;
- Ajouter 1000 mL d'eau distillée ;
- Laisser sous agitation pendant au moins 5h ;
- Filtrer la suspension obtenue ;
- Laver le filtrat dans un premier temps avec du NaCl (3 fois) puis avec de l'eau distillée dans un second temps jusqu'à ce que le test avec $AgNO_3$ du filtrat donne une solution limpide ;
- Sécher dans l'étuve ;
- Broyer l'argile obtenue jusqu'à l'obtention d'une poudre fine.

II-2-2- Préparation de la montmorillonite ferrique

Ce protocole, présenté dans le figure 8, a été mis au point dans notre laboratoire afin d'optimiser la préparation de l'argile intercalée et de minimiser le nombre des dispersions de l'argile. Il consiste à mélanger la solution du chlorure ferrique à 0,2 mol/l à une suspension d'argile, dans un premier temps, et à complexer le fer " in-situ " par une solution de carbonate de sodium dans les proportions telles que le rapport $CO_3^{2=}$/ Fe^{3+} est égale à 2, dans un deuxième temps. Cette hydrolyse doit être effectuée lentement et sous une forte agitation afin d'éviter la précipitation de l'hydroxyde ferrique de couleur rouge brique au fond du bécher. Après centrifugation, l'argile intercalée au fer est lavée plusieurs fois et séchée à l'air. Cet échantillon sera désigné In_{60}.

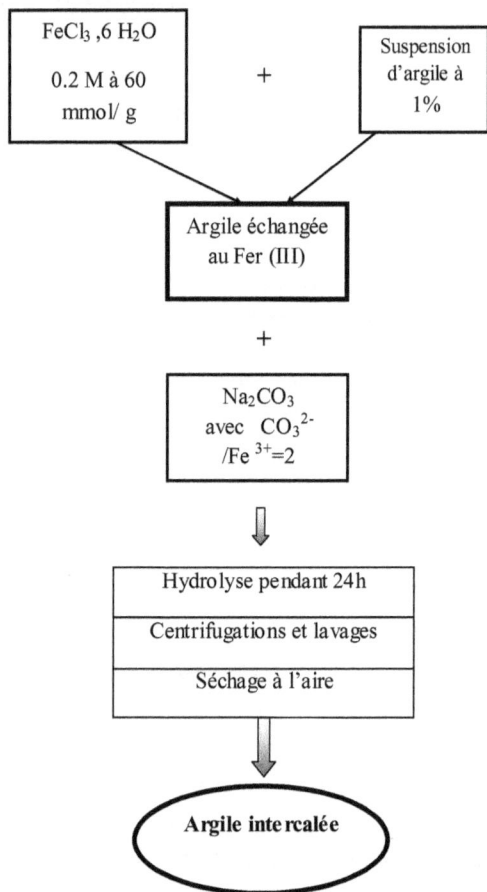

```
┌─────────────────┐              ┌─────────────────┐
│  FeCl₃ ,6 H₂O   │              │   Suspension    │
│                 │      +       │   d'argile à    │
│   0.2 M à 60    │              │      1%         │
│    mmol/ g      │              │                 │
└─────────────────┘              └─────────────────┘
              │                          │
               ┌────────────────────────┐
               │   Argile échangée       │
               │   au Fer (III)          │
               └────────────────────────┘
                         +
               ┌────────────────────────┐
               │      Na₂CO₃             │
               │   avec   CO₃²⁻          │
               │   /Fe ³⁺=2              │
               └────────────────────────┘
                         ⇩
               ┌────────────────────────┐
               │  Hydrolyse pendant 24h  │
               ├────────────────────────┤
               │ Centrifugations et lavages │
               ├────────────────────────┤
               │   Séchage à l'aire      │
               └────────────────────────┘
                         ⇩
                 (  Argile intercalée  )
```

Figure 8. Protocole de préparation de la montmorillonite ferrique

II-3- Principe de la méthode de détermination du PCN

Une des caractéristiques de la surface des minéraux est leur point de charge nulle (PCN). Il correspond à la valeur de pH pour laquelle le nombre de sites de surface sous forme protonée est égal au nombre de sites de surface sous forme déprotonée. Le point de charge nulle de différents matériaux, n'a été déterminé expérimentalement : par l'intersection des courbes de titrages potentiométriques obtenues pour différentes forces ioniques, par des mesures de mobilité électrophorétique et plus récemment, par la méthode des titrages en masse [30-31].

La mesure du point de charge nulle en fonction de la température n'est pas évidente à réaliser. La raison première est de pouvoir mesurer le pH en température. La technique la plus couramment employée pour déterminer le PZC est le titrage acide-base.

Pour déterminer le PCN, on a eu recours à préparer quatre solutions d'argiles (1g) dans 100 mL d'eau, toutes en variant la force ionique du milieu, (sans KCl ; KCl (10^{-3}M) ; KCl (10^{-2}M) ; KCl (10^{-1}M) (ANNEXE 3)) en ajoutant un soluté support (KCl). Les solutions préparées sont mis sous agitation pendant 5h puis on effectue le dosage de 50 mL de la solution avec du HCl (0.1M) et le reste avec du NaOH (0.1M) selon le tableau (4) :

Tableau 4. Planning de la détermination du PCN

V (HCl) (mL)	0.2	0.4	0.6	0.8	1	1.2	1.4	1.6	1.8	2
pH										

V (NaOH) (mL)	0.2	0.4	0.6	0.8	1	1.2	1.4	1.6	1.8	2
Ph										

III- Appareillage

- Agitateurs magnétiques	
- pH-mètre (Mettler Toledo)	
- Balance de précision 0,1 mg	

- Etuve	
- Matériel courant de laboratoire	

Chapitre III : Résultats et discussions

I- Purification de l'acide phosphorique

Cette étude est consacrée à la décadmiation et la défluoration de l'acide phosphorique de voie humide. Pour cela l'évolution de la concentration de ces derniers et suivie au cours du temps puis analysée par SAAF pour le cadmium et par une électrode spécifique pour le fluorure. Les résultats sont récapitulés dans le tableau (5) :

Tableau 5. Résultats d'analyse des échantillons

Agent compl.(*) Temps (h)	Posidonie		Chlorure ferrique		EDTA	
	Cd (ppm)	%F	Cd (ppm)	%F	Cd (ppm)	%F
0	15	0.200	15	0.200	15	0.200
2	9	0.141	9	0.135	11	0.133
6	9	0.134	9	0.130	11	0.124
23	9	0.133	9	0.128	10	0.118
31	9	0.131	9	0.126	10	0.113
51	9	0.130	9	0.123	10	0.112
124	9	0.127	9	0.122	9	0.090

(*) : Agent complexant

Pour suivre l'évolution de la concentration des éléments à éliminer dans les échantillons, on détermine le pourcentage adsorbé par les agents complexants de chaque impureté. Selon l'équation **(a)** :

Tableau 6. Détermination du pourcentage d'impuretés adsorbées

Agent compl.(*) Temps (h)	Posidonie		Chlorure ferrique		EDTA	
	%Cd	%F	%Cd	%F	%Cd	%F
0	0.0	0.0	0.0	0.0	0.0	0.0
2	40.0	29.5	40.0	32.5	27.0	33.5
6	40.0	33.0	40.0	35.0	27.0	38.0
23	40.0	33.5	40.0	36.0	33.0	41.0
31	40.0	34.5	40.0	37.0	33.0	43.5
51	40.0	35.0	40.0	38.5	40.0	44.0

| 124 | 40.0 | 36.5 | 40.0 | 39.0 | 40.0 | 55.0 |

Le tracé de la courbe % ads = f (temps) permet de mieux déceler la variation du pourcentage d'impuretés au cours du temps (figures 9 et 10) :

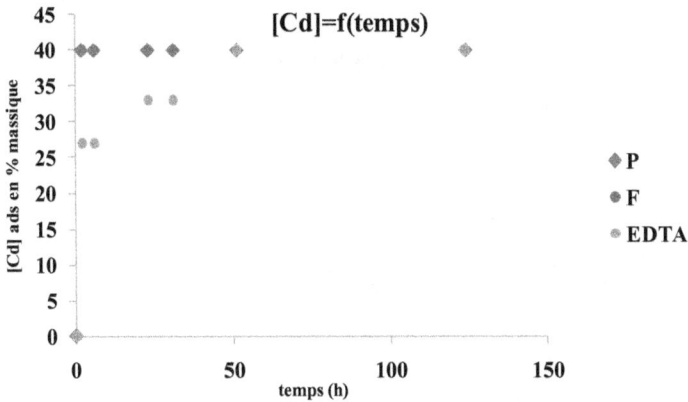

Figure 9. Cinétique d'adsorption du cadmium sur les différents agents à température ambiante

D'après la figure 9, on remarque que tous les agents utilisés ont une affinité pour le cadmium et en particulier la posidonie et le chlorure ferrique qui atteignent un pourcentage d'adsorption optimal (40%) au bout d'une heure.

Le cadmium est facilement retenu par la posidonie, en effet les organismes vivants, notamment les plantes, peuvent constituer un réservoir biologique de cadmium. Les métaux sont pris en charge par des ligands puis traversent la membrane par des récepteurs spécifiques. Une fois à l'intérieur de la cellule, ils se lient à des ligands internes ou à des enzymes **[28].** L'élimination des impuretés est assurée par plusieurs mécanismes comme était mentionner dans le premier chapitre.

L'acide éthylène-diamine-tétra-acétique (EDTA), coordinat hexadenté, a une aptitude particulière à « séquestrer » fortement la plupart des ions métalliques. En effet, avec le cadmium il forme un complexe très stable qui est représenté dans la figure 4.

Durant l'agitation, on constate une baisse de la viscosité en fonction de la concentration du cation métallique. Ce comportement est le résultat de l'interaction entre l'impureté et les molécules de l'acide phosphorique .Cette interaction serait susceptible de libérer des protons H^+ et de provoquer la rupture des liaisons hydrogène qui lient les différentes molécules de l'acide phosphorique. Ces derniers étant moins liés que dans le cas de l'acide phosphorique pur, deviennent plus mobiles et contribuent à l'augmentation de la viscosité de la solution.

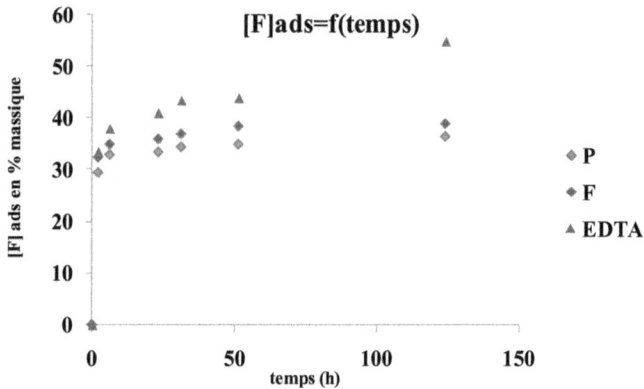

Figure 10. Cinétique d'adsorption du fluor sur les différents agents à température ambiante

Concernant la défluoration on note l'importance du temps d'agitation : le pourcentage des impuretés adsorbées est proportionnel au temps d'agitation et atteint plus de 50% au bout de 124h avec l'EDTA. Ainsi, plus le temps d'agitation est important plus il y'en a de probabilité de contact entre l'agent complexant et l'impureté et donc taux d'élimination d'impuretés plus élevé.

Malgré que les trois agents complexant ont une affinité au fluorure, vue leur diversité, ils n'agissent pas de la même manière vis à vis de ce dernier. En effet, le chlorure de fer (III) est un acide de Lewis assez fort, il réagit en conséquent avec les bases de Lewis, c'est le cas du fluorure, pour former des composés stables :

$$Fe + 3F^- \rightarrow FeF3$$

Vue la richesse du milieu réactionnel en impuretés, le fluor forme des complexes métalliques fluorés avec les métaux qui sont des entités acides et qui peuvent par la suite être retenues avec l'EDTA.

Concernant la posidonie, cette dernière a la possibilité d'attaquer les impuretés qui menace sa vie quelque soit sa forme et sa charge.

On remarque que ces trois agents ne sont pas spécifiques pour la décadmiation et la defluoration mais des agents qui ont la capacité de réagir avec différents composés tel que les métaux lourds, les halogénures…

II-   Dosage potentiométrique des argiles : Détermination du Point de Charge Nulle (PCN)

Le point de charge nulle a été déterminé pour deux types de montmorillonite : la montmorillonite ferrique et la montmorillonite sodique.

II-1- Montmorillonite Fe2+

Pour déterminer le PCN de la montmorillonite ferrique, on a préparé des solutions dont la force ionique est différente et on détermine pour chacune d'elle le pH après ajout d'un volume constant de HCl (0.1M). Le PCN est le point d'intersection des courbes n(HCl)=f(pH) des différentes solutions.

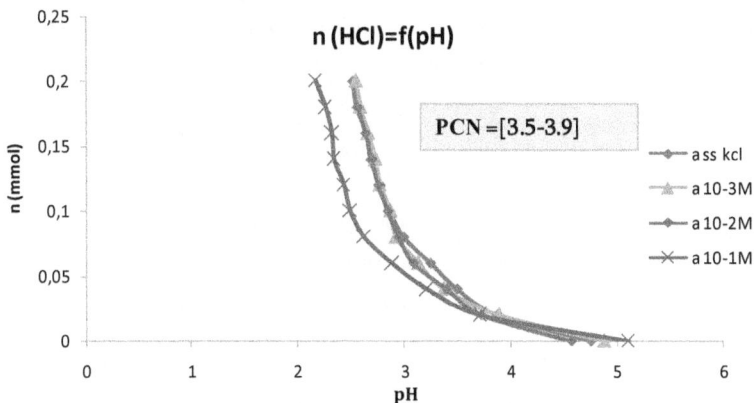

Figure 11. Détermination du PCN pour la montmorillonite Fe^{2+}

Le tracé des courbes n(HCl)=f (pH) pour différentes forces ioniques du milieu a permis de déterminer le PCN de la montmorillonite ferrique qui est inclus dans l'intervalle [3.5-3.9].

II-2- Montmorillonite Na+

On opère de la même manière pour déterminer le PCN de la montmorillonite sodique.

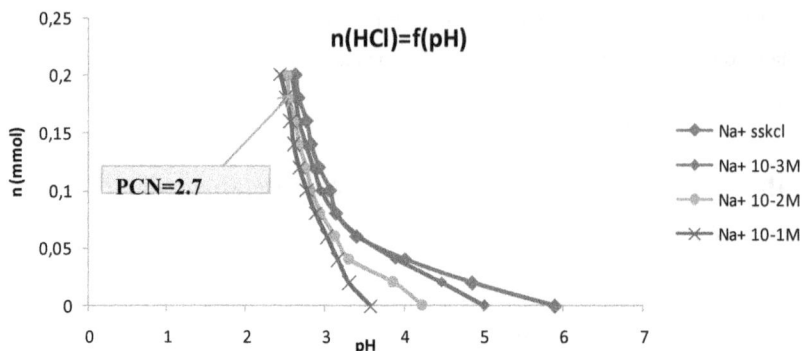

Figure 12. Détermination du PCN de la mont Na+

Le PCN de la montmorillonite sodique déterminé à l'aide du tracé de la courbe n(HCl)=f(pH) est égal à 2.7.

L'étude des interactions entres les argiles et les espèces chimiques dans une solution passe avant tout par une bonne connaissance des propriétés physiques et chimiques des argiles mais aussi des caractéristiques comme la minéralisation, la taille des particules élémentaires, la charge à la surface des feuillets et la nature des cations échangeables.

Nous étudierons dans cette partie une des caractéristiques principales : le point de charge nulle (PCN).

La titration acide-base fournit une information macroscopique sur la charge de surface, il révèle la manière par laquelle la charge protonique de surface varie avec le pH, et le pH pour lequel la charge protonique est égale à zéro. Il existe deux types de charges :

- Une charge permanente liée aux substitutions isomorphe et toujours égale à zéro.
- Une charge de surface variable selon le pH, prenant la valeur de zéro au PCN (quantité de charge positive égale aux charges négatives), négative à des pH inférieurs au PCN et positive au pH supérieurs au PCN.

Le PCN varie en fonction de la force ionique en conséquence on peut déterminer le PCN par le point d'intersection des courbes à différentes forces ioniques. De ce fait nous sommes bornés à déterminer deux PCN correspondant à la même d'argile (montmorillonite) mais intercalée différemment (Mont-Fe^{2+} et Mont-Na^{+}).

Les argiles utilisées montrent des différences significatives de valeur de PCN. En effet, la charge globale de surface, de négative à positive se font pour des pH différents. Autrement dit, il y aurait une possibilité d'adsorber des anions en même temps que des cations mais sur des supports différents du mélange dans cet intervalle étroit de pH qui se situerait entre 2.7 et 3.9.

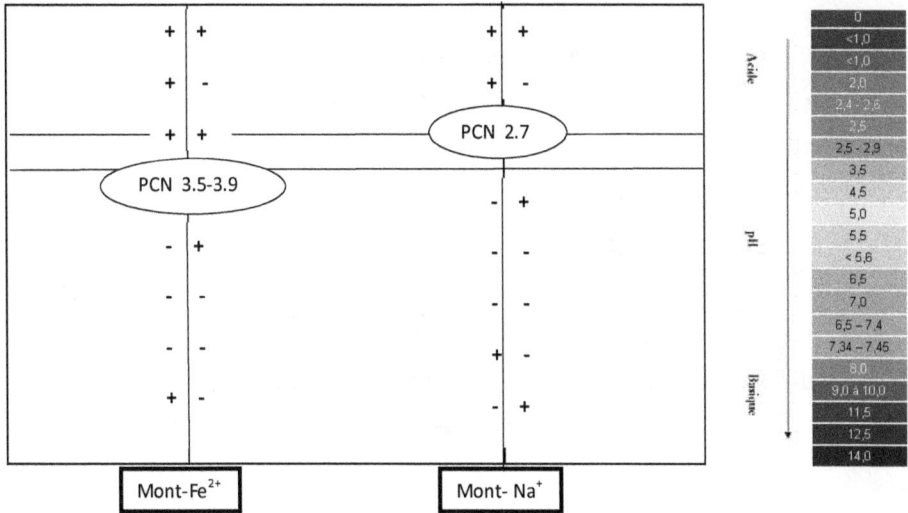

Figure 13.Répartition des charges en fonction du pH

+ Charge positive

- Charge négative

La valeur de PCN pour la montmorillonite brute donnée par la littérature est de 2.7, qui est une valeur proche de celles des valeurs trouvées pour la montmorillonite intercalées .On note que l'intercalation de cette argile au fer a augmenté la valeur du PCN.

La détermination de la valeur de PCN peut nous permettre d'identifier les facteurs externes aux matériaux c'est-à-dire les conditions du milieu favorisant l'adsorption des impuretés.

Pour évaluer la validité et l'efficacité de cette méthode de purification on procède à comparer les résultats trouvés avec ceux effectués en utilisant l'argile comme support en adoptant le même protocole d'analyse.

III- Etude comparative du taux de purification de l'acide phosphorique avec et sans argile

Afin de déceler mieux la différence, on représente dans le même graphe, pour chaque agent complexant, la quantité d'impureté adsorbée en fonction du temps avec et sans argiles.

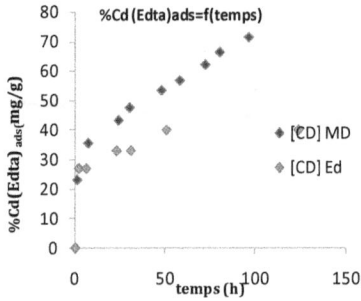

Figure 14. Cinétique d'adsorption du cadmium par l'EDTA avec et sans montmorillonite

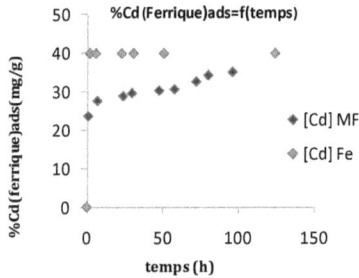

Figure 15. Cinétique d'adsorption du cadmium par le chlorure ferrique avec et sans Montmorillonite

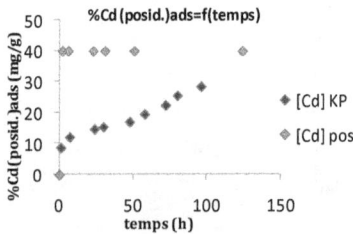

Figure 16. Cinétique d'adsorption du cadmium par posidonie avec et sans Kaolinite

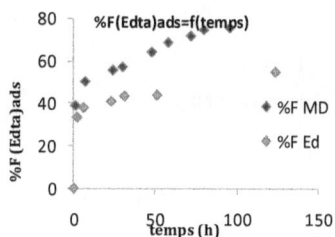

Figure 17. Cinétique d'adsorption du fluorure par l'EDTA avec et sans montmorillonite

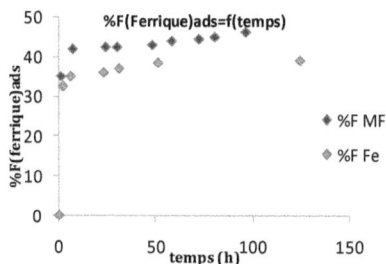

Figure 18. Cinétique d'adsorption du fluorure par du chlorure ferrique avec et sans montmorillonite

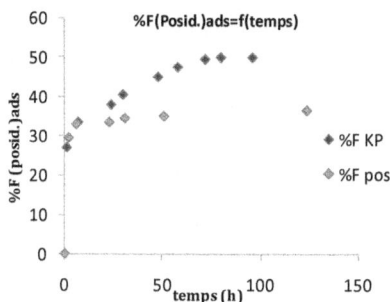

Figure 19. Cinétique d'adsorption du fluorure par posidonie avec et sans Kaolonite

La majorité des résultats montre bien que l'adsorption est beaucoup plus meilleure avec les argiles en effet la capacité d'échange cationique augmente après association de l'argile complexant. C'est encore un comportement analogue à ce qui est observé dans les complexes argilo-humiques et qui constitue une propriété majeurs des sols .Ces complexes sont capables de fixer des cations par leurs sites négatifs qui peuvent alors attirer des anions ou groupement anionique.

L'amélioration des résultats de purification repose sur la capacité élevée des argiles d'adsorption, échange ionique et de gonflement notamment pour la montmorillonite qui présente des résultats meilleurs que la kaolinite.

L'intercalation des argiles par des agents complexants est déterminante dans le processus d'adsorption, provoquant un accroissement de la distance entre les feuillets, donc un grand espacement interfoliaire.

Conclusion

L'acide phosphorique produit par voie humide, contient la majorité des impuretés présentes dans le minerai principalement, les métaux lourds et certains éléments radioactifs. Les recherches bibliographiques effectuées lors de cette étude a permis d'établir l'importance de la purification de l'acide phosphorique obtenu par ce procédé à travers le nombre considérable de travaux portant sur ce sujet.

Dans cette étude, on a tenté de développer une technique de purification afin de limiter le nombre d'impuretés présentes dans l'acide exclusivement le cadmium et le fluor.

La méthode de séparation utilisée pour l'élimination du cadmium et du fluor de l'acide phosphorique se base sur deux phénomènes : la complexation et l'adsorption.

Les résultats expérimentaux obtenus par cette étude confirment l'efficacité de cette méthode de séparation. Une comparaison entre les résultats obtenus avec ceux en employant des argiles greffées par les agents mis en œuvre dans notre étude montre que l'emploi des argiles comme support améliore les résultats quantitativement et parfois même avec des écarts assez importants. Ceci nous a mené à étudier aussi une des caractéristique de ces agents adsorbants à savoir le point de charge nulle qui peut influencer le choix des paramètres influençant l'efficacité de la purification.

Des investigations supplémentaires par RMN et spectroscopie RAMAN peuvent apporter plus de précision sur la détermination et l'identification des complexes issus de l'interaction entre les agents complexants et les impuretés étudiées .La détermination du coefficient d'activité des différentes espèces intervenantes dans les réactions de complexation permettrait aussi d'évaluer avec plus de précision les valeurs des constantes de stabilité en milieu acide.

En guise de conclusion, cette étude doit être considérée comme un premier pas dans l'élaboration de processus de purification avec les moyens disponibles en laboratoire en partant des principes fondamentaux des équilibres chimiques d'où les possibilités qui restent à exploiter.

REFERENCES BIBLIOGRAPHIQUES

[1]BOUSSEN R., thèse : Valorisation de l'acide phosphorique par précipitation du cadmium et pertraction de l'uranium, électrochimie et chimie analytique, Faculté des Sciences, Rabat, (2007).

[2]CHARFI A., TURKI N., AMMAR N., Séminaire, La Recherche dans le Secteur Phosphatier, Effets Gênants de Certaines Impuretés du Phosphate sur la Fabrication d'Acide Phosphorique et ses Dérivés, SIAPE Sfax, (1993).

[3]GCT. , Usines de Gabès Division Contrôle de la Qualité, Aide Mémoire, (1998).

[4]BENDADA A., thèse : Etude expérimentale et modélisation de l'élimination des actions métalliques de l'acide phosphorique du procédé humide. Application aux cas de l'Aluminium, le Fer et le Cuivre, génie des procédés, Faculté des Sciences de l'Ingénieur, Alger, (2005).

[5]Magnesium removal from phosphoric acid, New process demonstrated in Tunisia, Phosphorus & Potassium N°148, (1987).

[6]OHN WANTE, Dossier Ecotop, Métaux Lourds Délicate Epuration, Belgian Business & Industrie, (1995), pp. 87-91.

[7] ROGER LEVIEL, Mémento Technique de l'Eau, (1989).

[8] Technique de l'Ingénieur, Opérations Chimiques Unitaires - extraction liquide-liquide, J3, pp. J27551-275514, (1989).

[9] BERGRET M., Recovery of Uranium from Phosphates, Uranium Institute of London pp 113-118, (1979).

[10] FITOUSSI R., MUSICAS C., Sep. Sci. Technol., N°15, pp. 845, (1985).

[11] NOIROT P.A., WOZNIAK M., Hydrometallurgy, N°13, pp.229, (1985).

[12] BRCIC I., FATOVIC I., MELES S., POLLA E., RADOSEVIC M., Hydrometallurgy, N°18, pp.117, (1987).

[13] KOUDSI Y., KHORFAN S, ZEIN A., Effects of operating variables on the extraction of uranium from phosphoric acid by factorial design, J. Radioanal. Nuc. Chem., Letters, vol 214 N°4, pp.285-290, (1996).

[14] BUNUS F., MIU I., DUMITRESCU R., Hydrometallurgy, N°35, pp.375-389, (1994).

[15] KHORFAN S., AFINIDAD LX, N°503, pp.116-121, (2003).

[16] BAIRD T.C., Baird, HANSON M H, Handbook of Solvent Extraction, John Wiley & Sons, New York, (1983).

[17] M.I. EL KHAIARY, Extraction of Fe(III) from Phosphoric Acid by HDDNSA, Chem. Eng. Technol. 20, pp. 338-341,(1997).

[18] RITCEY G. M., ASHBROOK A. W., Solvent Extraction Part I, Elsevier Science Publishers Amsterdam, (1984).

[19] ECKENFELDER W.W., Gestion des Eaux Usées Urbaines et Industrielles TEC & DOC, (1982).

[20] ILEM A., BOUALIA A., KADA R., MELLAH A., Adsorption of organic matter from phosphoric acid using activated carbon: batch-contact time study and linear driving force models, The canadian journal of chemical engineering, vol 70. (1992).

[21] PONTIÉ M., QAFAS Z., NACEUR W., KÉCILI K., THEKKEDATH A., VIOLLEAU D., ESSIS-TOME H., MIQUEL P., ISBN 2-910239-66-7, Ed. SFGP, Paris, France, Premières étapes dans la mise au point d'un procédé intégré de précipitation-ultrafiltration (puf) pour la purification de h3po4 industriel : rôle du matériau de filtration et études de colmatage, Récents Progrès en Génie des Procédés, numéro 92, (2005).

[22] STAS J., PAREAU D., CHESNE A., DURAND G., Bull. Soc. Chim. Fr. N°127, pp.360-366, (1990).

[23] GRIMM R., KOLARIC Z., J. Inorg. Nucl. Chem., N°36, pp.189, (1974).

[24] GHERBI N., thèse: Etude expérimentale et identification du processus de rétention des cations métalliques par des matériaux naturels, génie des procédés, Faculté des Sciences de l'Ingénieur, Alger, (2008).

[25] KHIRANI S., thèse : Procédés hybrides associant la filtration membranaire et adsorption/échange ionique pour le traitement des eaux usées en vue de leur réutilisation, génie des procédés, Institut National des Sciences Appliquées de Toulouse, (2007).

[26] ERRAIS E., thèse : Réactivité de surface d'argiles naturelles étude d'adsorption de colorants anioniques, Géochimie de l'environnement, Université de Strasbourg, (2011).

[27] JEMAL F., DIDIERJEAN LGHRIR R., GHORBAL MH.et BURKARD G., utilisation des plantes pour extraction des produits, revue bibliographique, (1998).

[28] ROSSI N., thèse : Ecologie des communautés planctoniques méditerranéennes et étude des métaux lourds (Cuivre, Plomb, Cadmium) dans différents compartiments de deux écosystèmes côtiers (Toulon, France), biologie de l'environnement, des populations, écologie, Université du Sud Toulon-VAR, (2008).

[29] SALLES F., thèse : hydratation des argiles gonflantes : Séquence d'hydratation multi-échelle .Détermination des énergies macroscopiques à partir des propriétés microscopiques, Physique et Chimie des Matériaux, Université Paris VI- Pierre et Marie CURIE

U.F.R. de sciences, (2006)

[30] HAYES K.F., REDDEN G., ELA W., LECKIE J.O., "Surface Complexation Models: An Evaluation of Model Parameter Estimation Using FITEQL and Oxide Mineral Titration Data", Journal of Colloid and Interface Science, (1991)

[31] REYMOND J.P., KOLENDA, F., "Estimation of the Points of Zero Charge of Simple and Mixed Oxides by Mass Titration Powder Technology, 103, (1999).

NETOGRAPHIE

[a] http://fr.wikipedia.org

[b] http://futura24.voila.net

[c] http://c2ds.eu/page.php?id=22

[d] http://www.subaquatique-club-saranais.com/documents/posidonie.pdf

ANNEXE 1

DOSAGE DU CADMIUM DANS L'ACIDE PHOSPHORIQUE PAR SPECTROSCOPIE
D'ADSORPTION ATOMIQUE DE FLAMME (SAAF)

1. PRINCIPE

Le Cadmium est dosé dans l'acide phosphorique industriel préalablement dilué en milieu chlorhydrique par spectrophotométrie d'absorption atomique dans une flamme air-acétylène à une longueur d'onde de 228,8 nm.

2. APPAREILLAGE

- Matériel courant de laboratoire,
- Spectrophotomètre d'absorption atomique muni d'un brûleur alimenté par de l'air-acétylène et équipé d'un correcteur de signal non spécifique (Lampe au deutérium).
- Lampe à cathode creuse au cadmium.
- Balance analytique (e = 1 mg),
- Fioles jaugées de classe A.
- Pipettes jaugées de classe A.

3. REACTIFS

- Solution étalon mère de cadmium (A) correspondant à 1 g de Cd par litre.
- Solution étalon diluée de cadmium (B) préparée à partir de (A) correspondant à 40 mg de Cd par litre.
- Solution étalon diluée de cadmium (C) préparée à partir de (B) correspondant à 4 mg de Cd par litre.
- Acide chlorhydrique pour analyse 37%
- Eau déminée

Remarque : Conserver les solutions étalons dans des flacons en polyéthylène.

4. MODE OPERATOIRE

8.1 Etalonnage

8. 1.1 Préparation des solutions étalons

Cd (ppm) solution étalon	Méthode de la dilution
0	**0** mL de la solution C + 10 mL HCl dans une fiole jaugée de 100 mL et compléter à l'eau déminée.
0,2	**5** mL de la solution C + 10 mL HCl dans une fiole jaugée de 100 mL et compléter à l'eau déminée.

0,4	**10** mL de la solution C + 10 mL HCl dans une fiole jaugée de 100 mL et compléter à l'eau déminée.
0,6	**15** mL de la solution C + 10 mL HCl dans une fiole jaugée de 100 mL et compléter à l'eau déminée.
0,8	**20** mL de la solution C + 10 mL HCl dans une fiole jaugée de 100 mL et compléter à l'eau déminée.
1	**25** mL de la solution C + 10 mL HCl dans une fiole jaugée de 100 mL et compléter à l'eau déminée.

8.1.2 Préparation de la solution d'essai

Peser 2 à 4 g à 0,1 mg prés d'acide phosphorique industriel à analyser.
Introduire la prise d'essai dans une fiole jaugée de 100 mL, ajouter 10 mL de HCl et compléter au volume à l'eau déminée puis homogénéiser la solution.

8.2 Dosage

- Mettre préalablement l'appareil sous tension durant le temps nécessaire à sa stabilisation.
- Régler la longueur d'onde à 228,8 nm jusqu'au maximum d'énergie, ainsi que la sensibilité et l'ouverture de la fente suivant les caractéristiques de l'appareil.
- Régler la pression de l'acétylène et de l'air, suivant les caractéristiques du brûleur.
- Régler le zéro de l'échelle des absorbances avec l'eau déminée.
- Aspirer successivement les solutions étalons (8.1) dans le brûleur du spectrophotomètre, puis la solution d'essai.
- Relever les absorbances ou les concentrations.
- Avoir soin de maintenir constant le débit de la solution pulvérisée pendant toute la durée de mesure.
- Aspirer l'eau déminée dans le brûleur après chaque analyse.

5. EXPRESSION DES RESULTATS

$$Cd\ (ppm) = \frac{C}{m_0} \times 100$$

Où :
  m_0 : Prise d'essai (g).
  C : Concentration de la solution d'essai mesurée (mg/l).

ANNEXE 2

DOSAGE DU FLUOR PAR ELECTRODE SPECIFIQUE

I. **PRINCIPE**

Mise en solution à chaud dans l'acide chlorhydrique dilué. Ajout d'un tampon d'ajustement de force ionique pour amener le pH à 6,5 et briser les complexes du Fluor avec le Fer et l'Aluminium.

II. **REACTIFS**

- **Tampon : citrate trisodique en solution à 40%**

Dissoudre 400 g de citrate trisodique dihydraté + 9,6g de NaOH dans un litre d'eau distillée.

- **Solution mère de fluor à 120 mg /l**

Dissoudre 0,2652 g de NaF (préalablement séché 2 heures à 105°C et refroidi dans un dessiccateur) dans une fiole jaugée de 1 l avec de l'eau distillée, ajuster.

- **Solutions étalons de fluor**

Prélever 5 ; 25 et 50 ml de la solution à 120 mg /l dans des fioles jaugées de 500 ml. Dans chaque fiole, ajouter 20 ml HCl 6 M et ajuster au trait de jauge avec de l'eau distillée.

Ces étalons contiennent 1,2 ; 6 et 12 mg de Fluor/litre.

Toutes les solutions étalons doivent être conservées dans des flacons en plastique.

- **Acide chlorhydrique 5%**

Dans une fiole jaugée de 1000 ml, mettre 200 ml de HCl 25% et compléter au volume avec de l'eau distillée.

- **Soude 10 M (400 g/l)**

Peser 400 g de soude dans un bêcher, ajouter de l'eau distillée pour dissoudre puis transvaser et compléter au volume dans une fiole de 1l. (conserver la solution de soude dans un flacon en plastique).

III. **APPAREILLAGE**

- Agitateurs magnétiques
- pH-mètre équipé d'une électrode de référence et une électrode de fluor
- Balance de précision 0,1 mg
- Bain marie
- Matériel courant de laboratoire

IV. MODE OPERATOIRE

IV.1 Etalonnage

- Prélever 20 ml des étalons 1,2 ; 6 et 12 mg F/l dans des bêchers.
- Ajouter 20 ml de la solution tampon de citrate trisodique.
- Ajuster le pH à 6,5 ± 0,1 à l'aide d'une compte goutte avec HCl 6 M ou avec de la soude 10 M.
- Noter le potentiel de chaque étalon.

IV.2 Mise en solution des échantillons

- Peser 1 g à 0,1 mg près de l'échantillon dans un bêcher de 250 ml.
- Ajouter 100 ml d'acide chlorhydrique 5%, chauffer à 70°C dans un bain marie pendant 10 minutes.
- Agiter 10 minutes à l'aide d'un agitateur magnétique et laisser refroidir à la température ambiante.
- Transvaser la solution dans une fiole jaugée de 250 ml et ajuster au trait de jauge avec de l'eau distillée. Homogénéiser.
- Dans un bêcher, prélever 20 ml de la solution et ajouter 20 ml de la solution tampon de citrate trisodique.
- Ajuster le pH à 6,5 ± 0,1 avec HCl 6 M ou NaOH 10 M.

IV.3 Dosage

- Mettre un barreau magnétique dans le bêcher et agiter. Immerger les électrodes de référence et de fluor dans la solution.
- Noter le potentiel après stabilisation de la lecture (3 minutes).
- Après chaque mesure, rincer et sécher soigneusement l'électrode avec du papier.

V. EXPRESSION DES RESULTATS

- Tracer sur papier semi- logarithmique la courbe d'étalonnage E (mV) en fonction de la concentration des étalons.
- A partir des potentiels mesurés, déterminer à l'aide de la courbe d'étalonnage les concentrations (mg/l) des solutions analysées

Le taux de fluor est alors donné par :

$$\%F = \frac{C}{1000} \times \frac{250}{E} \times 100$$

C : concentration en mg/l de la solution analysée

E : prise d'essai en m

ANNEXE 3

1- **Préparation d'une solution 0.1 M de HCl à partir d'une solution commerciale**

$$d = n*MM/V = c*MM$$

Avec
$\begin{cases} MM = 36.46 \text{ g.mol}^{-1} & ; \\ d = 1.19 \text{g.cm}^{-3} & ; \\ \%HCl = 37\% & . \end{cases}$

A.N : $[HCl]_{com} = 1.19.10^3/36.46*0.37 = 12.07M$

$$[HCl]_{com}*V_{com} = [HCl]_f*V_f$$

$V_{com} = [HCL]_f*V_f/[HCl]_{com}$, A.N : $V_{com} = 0.829mL$

2- **Préparation d'une solution de NaOH (0.1M) à partir d'une solution NaOH (1M)**

$$Ci*Vi = Cf*Vf$$

A.N : Vi=10mL

3- **Préparation du KCl**

$$m = n*M \quad \rightarrow \quad m = C*V*M*\%KCl$$

Exemple de calcul pour la solution contenant K Cl (10-3M) :

m=10-3*74.55*100.10-3*0.995

m=7.4mg

[KCl] (mol.L-1)	0	10-3	10-2	10-1
m(KCl) (g)	0	7.4	74.17	0.74

ANNEXE 4

Résultats des taux des impuretés (cadmium et fluorure) éliminées de l'acide phosphorique en utilisant un support argileux

Temps (h)	%Cd			%F		
	MD	MF	KP	MD	MF	KP
0	0	0	0	0	0	0
1	23.20	23.73	8.73	38.80	35.00	27.00
7	35.60	27.73	12.13	50.24	42.00	33.50
24	43.30	28.93	14.73	55.72	42.50	38.00
30	47.60	29.73	15.4	57.21	42.50	40.50
48	53.60	30.4	17	64.20	43.00	45.00
58	56.90	30.73	19.53	68.69	44.00	47.50
72	62.30	32.73	22.4	71.68	44.50	49.50
80	66.50	34.4	25.53	74.62	45.00	50.00
96	71.60	35.2	28.4	75.62	46.25	50.00

Avec :

- MD : Montmorillonite- EDTA
- MF : Montmorillonite-Chlorure Ferrique
- KP : Kaolinite-Posidonie